谨以此书献给

所有机器人爱好者

（博思总经理）曾庆龙

STEM教育丛书

用MODKIT玩VEX IQ

郑剑春 著

清华大学出版社
北 京

内 容 简 介

VEX IQ是一款国际上广泛使用的机器人产品，目前每年都有相关的国际比赛，正日益受到中国学生和家长的关注，这款产品不仅可以参与众多的比赛项目，更重要的是它适合在学校开设系统的课程，适合中小学生入门使用。

本书选用适合小学生和初中生使用，目前流行的图形化编程软件Modkit for VEX-Editor，引导学生学习如何控制VEX IQ机器人。全书以学生活动项目为主线，通过完成一系列有趣的项目，使学生学习和掌握编程的基础知识。

本书力图拓宽学生的视野，将学科知识与项目活动相结合，从而成为中小学生STEM教育课程的一种尝试与探索。

本书适合作为小学五六年级以及初中学生创客课程、机器人课程教材，也可作为各种培训机构的教学参考用书。

图书在版编目（CIP）数据

用MODKIT 玩 VEX IQ / 郑剑春著 . — 北京：清华大学出版社，2017（2018.6重印）
（STEM 教育丛书）
ISBN 978-7-302-46407-5

Ⅰ . ①用…　Ⅱ . ①郑…　Ⅲ . ①机器人 – 设计 – 青少年读物　Ⅳ . ① TP242 – 49

中国版本图书馆 CIP 数据核字（2017）第 023649 号

责任编辑：帅志清
封面设计：池　斌
责任校对：袁　芳
责任印制：李红英

出版发行：清华大学出版社
　　　　网　　　址：http://www.tup.com.cn, http://www.wqbook.com
　　　　地　　　址：北京清华大学学研大厦 A 座　　　　　　　邮　　编：100084
　　　　社 总 机：010-62770175　　　　　　　　　　　　　邮　　购：010-62786544
　　　　投稿与读者服务：010-62776969, c-service@tup.tsinghua.edu.cn
　　　　质量反馈：010-62772015, zhiliang@tup.tsinghua.edu.cn
印 装 者：北京天颖印刷有限公司
经　　销：全国新华书店
开　　本：203mm×260mm　　印　张：6　　插　页：1　　字　　数：99 千字
版　　次：2017 年 4 月第 1 版　　　　　　　　　　　　　印　　次：2018 年 6 月第 2 次印刷
印　　数：4001～5500
定　　价：41.00 元

产品编号：074026-01

丛书编委会

主　编：郑剑春

副主编：曾庆龙　张国庆

编　委：（按姓氏拼音排序）

序

　　STEM 是科学（Science）、技术（Technology）、工程（Engineering）和数学（Mathematics）四门学科的简称。STEM 教育并不是科学、技术、工程和数学教育的简单叠加，而是要将四门学科内容组合，以形成有机整体，强调多学科的交叉融合，以更好地培养学生的创新精神与实践能力。

　　面对我国目前创客教育、STEM 教育开展的现状，许多教师感到困惑，不知道要教什么，如何教？这个问题也是所有培训机构正在考虑的问题。经过初期的发展，各培训机构都认识到，简单的兴趣活动并不能持续地吸引学生，只有合理的课程才能使创客活动、STEM 教育活动持续发展。同时家长也提出，我们的孩子参加这些活动，出口在哪里？经过学习，他们会有哪些收获？

　　反思当前的课程体系就会发现，目前的科学课程与学生创新之间缺少了连接环节，这就是工具的选择与使用，这也是目前创客教育、STEM 教育正在研发与推广的课程。这些课程将帮助学生学会选择并掌握工具，学生只有掌握了这些工具并将其用于创新，才会体验到成功的喜悦。

　　现代的学生有多种信息来源，他们富于创新的灵感。然而，任何一个创新作品仅有科学原理是不够的，需要技术、数学这样一些工具来帮助实现。我们并不缺乏科学的课程，学校里开设的一些传统课程如物理、化学、数学等，很少与我们的生活相联系，这使得我们在完成某一作品的过程中遇到了很多难以克服的困难，借助哪些工具？如何使用这些工具？这恰恰是我们在开发课程时要考虑的。

考虑到目前各学校对 STEM 课程的需求，在广大同行的支持下，我们根据中国学生的特点，推出了"STEM 教育丛书"。借助这一丛书，汇集各名校的优秀课程，传播国内外 STEM 教育的成果。

我们希望"STEM 教育丛书"能够激发学生探索的兴趣，并动手将他们的创新梦想变成现实。

郑剑春

2016 年 12 月

前　言

图形化编程是近年来流行的一种程序设计方式，它降低了程序设计的门槛，使普通人经过简单训练就可以完成专业的程序设计工作。这一改变，让许多非专业程序人员可以轻松地学习编程，同时也使得智能化设备得以普及。

图形化编程方式还降低了学生学习程序设计的年龄，使许多适合中小学生使用的图形化软件广受欢迎。学生不仅可以使用这些软件制作自己的作品，更重要的是可以通过学习和使用，获得编程方法与运算思维能力的训练。

Modkit for VEX-Editor 正是一款适合学生使用的图形化编程软件。它针对中小学生而设计，学生可以使用这一软件控制 VEX IQ 机器人，从而让编程与机器人活动相结合，使编程过程充满乐趣。这一软件虽然简单但功能却十分强大，它避免了许多机器人控制软件的不足，编程过程明确，可以准确地对机器人进行控制，是一款不可多得的设计软件。希望通过本书将 Modkit for VEX-Editor 引入国内，使其成为中小学生学习 VEX IQ 机器人的入门软件。

在国内，机器人被视为一种比赛产品已经很长时间了，学校希望借助各种机器人比赛获得荣誉。这样做的结果就是使机器人这一优质的教育资源未能得到普及，教师也很少能开展相关的研究，这种状况与国际机器人教育的发展潮流相背离。

机器人教育并非精英教育，应普及到所有学生。机器人作为一种工具，只有与各学科教育相结合，才会发挥它应有的作用。基于这种考虑，在设计本书的内容时，不以完成比赛任务作为教学目标，注重让学生通过使用机器人

获得生活的体验，使他们通过学习产生探索的兴趣并具有深入学习的能力。

　　本书由博思公司组织编写，并提供编写中所用的各种设备和软件，胡海洋、张国庆、于啸、李志辉、郭伟俊和李继东参与了本书的编写工作。在此对他们以及"VEX中国"的支持表示衷心的感谢。

　　由于编者水平所限，书中难免存在疏漏和不足，恳请广大读者批评指正。

郑剑春

2016 年 12 月

目　录

第1课　初识Modkit　　　　　　　　1

第2课　走正方形并返回出发点　　　6

第3课　电压、运动时间与显示　　　10

第4课　启动与停止　　　　　　　　12

第5课　速度与控制　　　　　　　　15

第6课　通过机器人测量面积　　　　19

第7课　密码锁　　　　　　　　　　22

第8课　两事件的时间问题　　　　　25

第9课　走指定路线　　　　　　　　28

第10课　巡线运动　　　　　　　　31

第11课　走迷宫　　　　　　　　　34

第12课　GYRO与机器人走直线　　36

第13课　颜色判断与声音　　　　　39

第14课　倒车雷达　　　　　　　　41

第15课　遥控机器人　　　　　　　44

第16课　制作一个定时器　　　　　49

第17课　单控开关的制作　　　　　52

第18课　智能灯光　　　　　　　　54

第19课　测量运动时间　　　　　　57

第20课　测速和报警　　　　　　　60

第21课　光电传感器和速度测量　　62

第22课　测量黑线的总宽度　　　　66

第23课　排队系统　　　　　　　　68

第24课　游戏　　　　　　　　　　71

附录　　制作一个VEX IQ标准底盘小车　75

参考文献　　　　　　　　　　　　85

第1课　初识 Modkit

Modkit 是一款图形化编程软件，可以在线编写程序，如图 1-1 所示。只要登录 http://www.modkit.com/vex，并选择 Try Modkit for VEX Free Now 就可以免费下载使用，进行程序编写。但是由于国内网络的原因，有时登录国外服务器会受到限制，因此很多时候会感到并不方便，为此本书选用了单机版软件 Modkit for VEX-Editor。需要指出的是，单机版软件与在线编程并无区别，读者可以根据自己的环境进行选择。本书如无特别说明，都是在单机版环境中进行编程和调试。

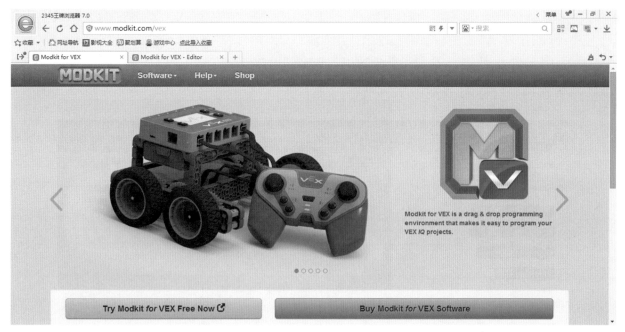

图 1-1　选择 Try Modkit for VEX Free Now 在线编程

一、编程环境介绍

1. 元件和属性设置窗口

启动 Modkit for VEX -Editor，首先进入元件设置界面，如图 1-2 所示。除主控制器外，可以根据所用器材情况将界面左侧所示元件拖至界面右侧。 其中，各元件的属性可以通过选中这一元件进行设置，包括各元件与控制器间的端口设置，如图 1-3 所示。

更详尽的属性参数，可以选择图 1-3 右下角的 ⚙ 进行设置。

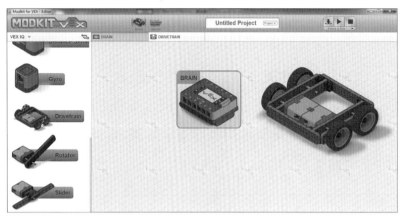

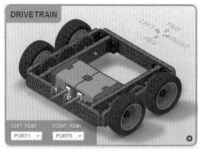

图 1-2　设置元件及属性　　　　　　　　图 1-3　端口设置

2. 编程窗口

将所用元件及其端口等属性设置好后，就可以进行编程了。单击窗口上方的 ⬚ 按钮进入编程窗口，如图 1-4 所示。

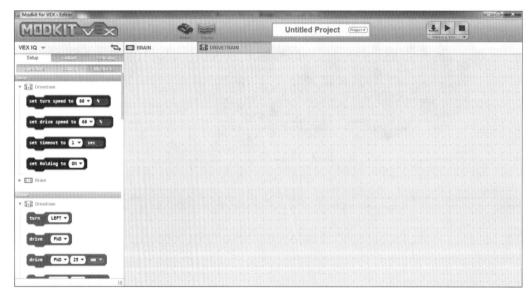

图 1-4　编程窗口

现在只加入了两个元件，即 BRAIN 和 DRIVETRAIN，因此在编程窗口中对应有两个选项。注意这两个选项对应左侧不同的设置（Setup、Output），这也是 Modkit for VEX-Editor 软件编程的特点，可以针对每一元件独立编程，非常适合初学者使用。

二、连接并下载机器人程序

（1）将机器人与计算机连接并查询 USB 与计算机连接端口。

通过 USB 端口将机器人与计算机连接，打开机器人电源，在管理器窗口查询端口，如图 1-5 所示。

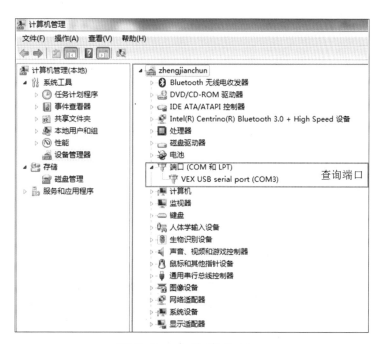

图 1-5　查询连接端口

（2）在编程窗口设置连接端口。

当打开机器人电源并将其与计算机连接时，Modkit for VEX-Editor 右下角会出现已连接提示符号，如图 1-6 所示。

可以在屏幕上方的运行模块中设置连接端口，如图 1-7 所示。

图 1-6　已连接提示符号

图 1-7　设置连接端口

3

设置连接端口后就可以编写并运行程序了。

三、案例

1. 任务

运行程序时，屏幕显示 HELLO，同时机器人行走一段距离。

2. 学习目标

（1）按任务要求在两个元件上分别编写具有屏幕输出和机器人运动的程序。

（2）对程序进行下载测试。

（3）分析误差产生原因。

3. 所用元件

所用元件如图 1-8 所示。

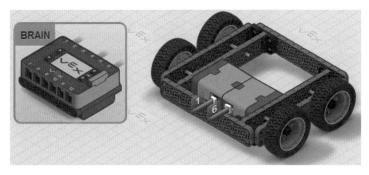

图 1-8　所用元件

4. 参考程序

在 BRAIN 与 DRIVETRAIN 分别编写程序如图 1-9 和图 1-10 所示。

图 1-9　屏幕显示 HELLO　　　　图 1-10　机器人行走一段距离

其中， 是程序开始运行的指令，对于各个元件来说，不必同时运行各自的指令,因此在这里也可以设置各自的触发条件。程序中所设置的行走距离可以选择下拉框，也可以根据需要直接输入数据。

运行模块 、、的功能分别为下载程序到控制器、运行程序、停止程序。请同学们下载程序并运行，观察效果。

5. 误差及其原因

用卷尺测量所行走的距离是否与程序中设置的一致。如果不一致，分析一下原因，并填写试验记录，如表 1-1 所示。

表 1-1　速度—行走距离表

速度设置	程序设置距离 /cm	实际行走距离 /cm	误差 /cm
20	50		
	100		
	150		
	200		
	250		
60	50		
	100		
	150		
	200		
	250		
100	50		
	100		
	150		
	200		
	250		

6. 总结

多尝试几种情况，努力找到误差最小的速度值。将表 1-1 绘图表示。

第 2 课　走正方形并返回出发点

行走与转弯是机器人的一个最基础的运动方式，本课将介绍如何更好地控制机器人运动。

1. 任务

场地设置如图 2-1 所示，其尺寸大小可以根据实际情况进行调整。让机器人围绕正方形运动，并返回到出发点（机器人任一部分接触出发场地）。

2. 学习目标

（1）让机器人直行一段距离。

（2）左转 90°。

（3）分析误差产生的原因。

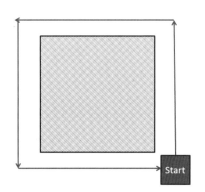

图 2-1　机器人运动场地

3. 所用元件

所用元件如图 2-2 所示。

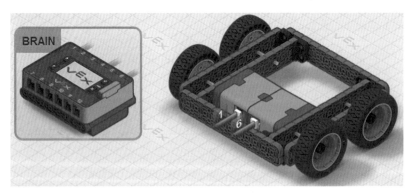

图 2-2　所用元件

4. 参考程序

参考程序如图 2-3 所示。

（1）机器人行走的准确性与地面摩擦力以及运动速度有很大关系，为此要设置合适的运动速度与转弯速度。

（2）有以下两种转动指令供选择。

① 转动圈数：`turn` `LEFT ▼` `1 ▼` `rev ▼` ，即机器人绕四轮的几何中心转动的圈数。

② 转动角度：`turn` `LEFT ▼` `360 ▼` `deg ▼` ，即机器人绕四轮的几何中心转动的角度。

每条指令逐一执行的结构称为顺序结构，它是程序结构的一种重要形式。在本程序中，首先设置了运动与转弯的速度，这种设置要根据地面与机器人之间摩擦力的情况进行。过快的速度会出现打滑、运动不稳定，应尽量避免。运动与转弯的角度既可以选择指令预设值，也可以根据需要直接输入。

图2-3 参考程序

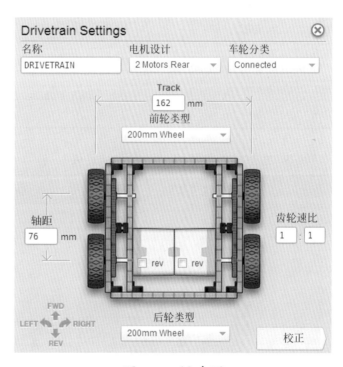

图2-4 搭建图

5. 场地检测

编写好程序就可以下载并在场地中进行检测了，如果严格按照图2-4所示搭建机器人（事实上，更提倡个性化与创新的设计），会有与预期比较接近的结果；否则会出现较大的误差。

想一想：为什么场地效果与预期效果不同？参考第1课的试验数据，考虑如何确定所需设置的数据。

6. 造成误差的原因

选择并补充可能的情况，填写表 2-1 和表 2-2。

表 2-1　误差原因分析

编　号	类　　　型	误　差　原　因
1	结构不同	是 □　　　　否 □
2	重量不确定	是 □　　　　否 □
3	场地摩擦力不同	是 □　　　　否 □
4	行驶和转弯速度不同	是 □　　　　否 □
5	轮子大小不同	是 □　　　　否 □
6		是 □　　　　否 □
7		是 □　　　　否 □
8		是 □　　　　否 □

表 2-2　速度—转弯角度记录表

速度设置	程序设置转弯 /(°)	实际转弯 /(°)	误差 /(°)
20	90		
	180		
	270		
60	90		
	180		
	270		
100	90		
	180		
	270		

7. 总结

多尝试几种情况，努力找到误差最小的速度值。将表 2-2 绘图表示。

8. 思考

轮子的转动角度与运动距离有怎样的关系。

（1）轮子半径为 R，当转动角度为 φ 时，向前移动 s 距离，如图 2-5 所示。问：s 与 R、φ 有什么关系？

（2）这里的转动角度与指令 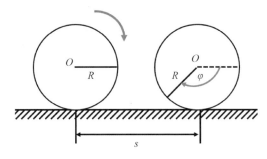 是否为同一角度？

图 2-5　转动角度与运动距离的关系

第 3 课　电压、运动时间与显示

VEX IQ 的输出不仅有电机的运动，而且可以是屏幕显示、音乐、声调等方式，其中屏幕是一种非常重要的输出方式。通过屏幕可以了解程序的运行状态，获取更多重要的信息。

1. 任务

了解机器人屏幕输出的方式，在屏幕上同时显示时间和电量。

2. 学习目标

（1）掌握机器人屏幕显示指令。

（2）获取机器人电压。

（3）机器人时间指令。

（4）了解循环结构。

3. 所用元件

所用元件如图 3-1 所示。

4. 参考程序

参考程序如图 3-2 所示。

为了随时获得所需的数据，使用了循环结构，如图 3-3 所示。

图 3-1　所用元件

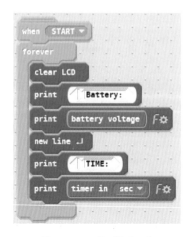

图 3-2　参考程序

图 3-3　循环结构

循环结构让其中的所有指令不断执行，这样就可以很容易地读取所需信息。循环结构分为有限循环与无限循环，有限循环是指循环有限次数，无限循环则无循环次数的限制。本例中使用无限循环。

清屏指令如图 3-4 所示。清屏指令用于刷新屏幕，保持最新信息显示。

显示指令可以在屏幕上显示其中的内容，包括文字、数据、变量以及各种传感器的检测结果，如图 3-5 所示。

回车指令可以让屏幕上的内容重起一行显示，如图 3-6 所示。

图 3-4 清屏指令   图 3-5 显示指令   图 3-6 回车指令

显示电压和时间的指令分别如图 3-7 和图 3-8 所示。

图 3-7 调用电压值   图 3-8 调用时间值

5. 场地检测

设置不同的打印指令参数，如图 3-9 所示。

图 3-9 打印指令设置

观察屏幕显示效果有什么不同。

第 4 课　启动与停止

因检测到某种信息而运动，或检测到某一信息而停止，是机器人的一个简单的控制方式，可以作为其他复杂运动的基础。下面制作一个机器人，当它受到碰撞时会启动电机开始行走，如果检测到黑线就会停止运动。

1. 任务

制作一个机器人，当它接到指令时（碰撞）启动电机向前行走，当检测到黑线就会停止。机器人场地中的运动方向和黑线如图 4-1 所示。

2. 学习目标

（1）了解机器人启动方式。

（2）学习颜色传感器的使用。

（3）学习条件循环结构的使用。

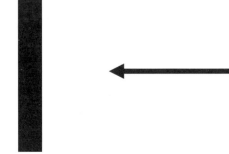

图 4-1　运动方向和黑线

3. 所用元件

所用元件如图 4-2 所示。

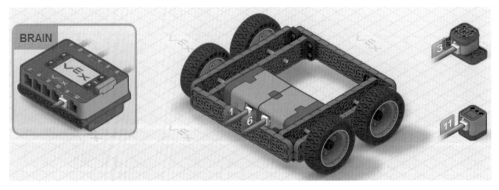

图 4-2　所用元件

本课首次使用了颜色传感器。根据任务要求，可以设置颜色传感器的模式，如图 4-3 所示。

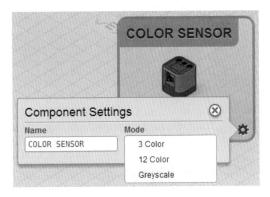

图 4-3 传感器模式

颜色传感器有3种模式,分别用于检测3种颜色、12种颜色和灰度。本课选择灰度模式。

4. 参考程序

参考程序如图 4-4 所示。

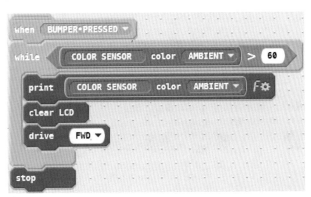

图 4-4 参考程序

本程序用到了条件循环结构。条件循环即当满足条件时执行其中指令,如果不满足条件,则跳出循环执行其后的指令。条件循环指令如图 4-5 所示。

1)条件(域值)的检测与设置

编写检测程序,如图 4-6 所示。

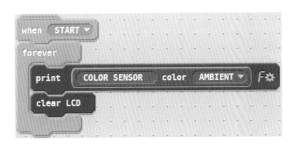

图 4-5 条件循环指令   图 4-6 编写检测程序

分别在黑线与黑线外检测颜色传感器数值，检测值分别为 A_1、A_2，则域值为

$$A = \frac{A_1 + A_2}{2}$$

这就是程序中数据的来源。

如果选用了碰撞传感器，则在开始指令中就会出现新的程序启动条件，如图 4-7 所示。

2）与颜色传感器有关的指令

（1）获得颜色反馈，如图 4-8 所示。

图 4-7　碰撞引发的程序启动指令　　　图 4-8　获得颜色反馈

（2）获得检测值指令，如图 4-9 所示。其中有两种模式，即 HUE 和 AMBIENT。HUE 表示色度，AMBIENT 表示环境光的强度。

（3）表示检测是否有接近物体的判断，如图 4-10 所示。如果检测有物体，反馈为 TRUE；否则为 FALSE。

（4）如果出现如图 4-11 所示指令，说明灰度用百分数表示。

图 4-9　获得检测值　　　图 4-10　检测物体　　　图 4-11　灰度的百分数表示

5. 场地检测

进行场地检测，观察是否可以遇黑线停止运动。

6. 动手与实践

如果要求检测到前面有物体则停止，那么程序如何改？传感器如何安装？

第5课　速度与控制

在用机器人进行各种试验时，希望能方便地改变运动的速度，如果运动速度只能在编写程序时设置，就会很不方便。

1. 任务

通过碰撞传感器，改变机器人的运动速度。

2. 学习目标

（1）学习建立变量以及函数的使用。

（2）学习"与"的逻辑关系和表达式。

（3）学习条件选择结构。

3. 所用元件

所用元件如图5-1所示。

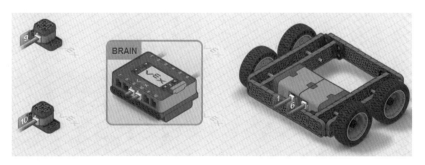

图 5-1　所用元件

4. 参考程序

（1）建立变量 A，如图5-2所示。

图 5-2　建立变量

变量是程序设计中的一个重要内容，Modkit 软件中的变量用于储存数据并参与各种运算过程。

（2）选择结构。Modkit 软件支持选择结构，选择结构如图 5-3 所示。只有满足某种条件时，才会执行选择结构中的指令；否则不执行。这与条件循环有些相同，区别在于：条件循环结构中，当符合条件时，会一直（多次）执行循环中的指令；选择结构中，如果符合条件，也只是执行一次。

Modkit 软件中的选择结构有以下两种形式。

① 如果符合条件，执行其中指令，否则不执行，如图 5-3 所示。

② 如果符合条件，执行其中指令，否则执行 else 中指令，如图 5-4 所示。

图 5-3　选择结构之一　　　　　　　图 5-4　选择结构之二

（3）使用碰撞传感器可以控制变量，如图 5-5 所示。

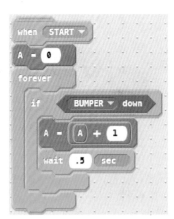
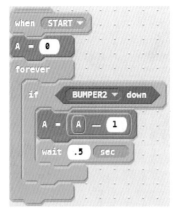

图 5-5　用碰撞传感器控制变量

其中碰撞传感器 1 使变量增加，碰撞传感器 2 使变量减小。使用等待 0.5s 指令是为了避免机器人将一次碰撞误为多次碰撞。

（4）学习"与"的逻辑关系和表达式。因为机器人的能量限制在 [−100，100] 内，超出这一范围，将设置为停止指令。为控制机器人停止，规定当两个碰撞传感器同时触碰时，变量为 101，如图 5-6 所示。

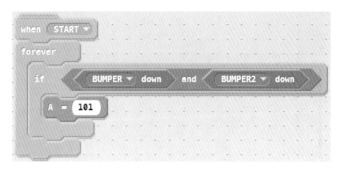

图 5-6 "与"的逻辑关系

（5）学习函数运算，这里使用了取绝对值的运算，将变量取绝对值并作为机器人的运动速度，如图 5-7 所示。

图 5-7 变量取绝对值

（6）选择结构可以具有嵌套形式，但是在逻辑关系上一定要清楚。完整的参考程序如图 5-8 所示。

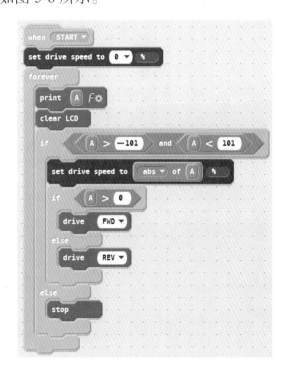

图 5-8 参考程序

5. 场地检测

观察碰撞传感器是否使用方便，速度是否改变明显。

6. 动手与实践

机器人场地如图 5-9 所示，设置不同的速度，记录通过两线的时间。理解速度 20、

40、60、80 的含义。

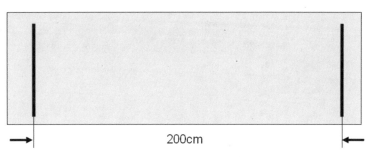

图 5-9　机器人场地

根据试验结果，填写试验记录表（见表 5-1）。其中：平均速度 = 距离 / 时间。

表 5-1　试验记录

速度	20	40	60	80	100
时间 /s					
平均速度 / (m/s)					

第 6 课　通过机器人测量面积

在日常生活中，可以见到许多机器人以智能产品的形式存在，这些产品为人们的生活带来了便利，以前许多专用的设备现在都被这些机器人所取代。下面制作一个用于测量面积的小车，当它经过一个矩形的长、宽距离后，会自动输出矩形的面积值。

1. 任务

通过碰撞传感器，控制机器人的程序运行，制作一个面积测量仪。

2. 学习目标

（1）学习建立变量以及变量的运算。

（2）学习通过传感器作为事件的触发条件，控制程序运行或中止。

（3）学习屏幕显示。

3. 所用元件

所用元件如图 6-1 所示。

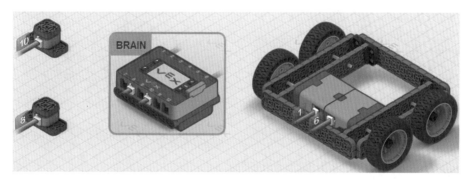

图 6-1　所用元件

4. 参考程序

（1）建立变量 A、B，分别用于存储矩形的长、宽数据。

（2）机器人每前行 10mm，则变量 A 加 1。

（3）在屏幕上显示 length= 长度 mm。

（4）如果碰撞传感器 1 检测到触碰，则中止长度检测。程序如图 6-2 所示。

（5）将机器人放置于测量宽度的位置，通过碰撞传感器 2 触碰启动宽度测量。

（6）使屏幕另起一行显示（保留 length= 长度 mm）。

（7）宽度测量，同长度测量过程。

（8）通过碰撞传感器 1 发生触碰，中止宽度测量。

（9）在屏幕上另起一行，显示面积 S，如图 6-3 所示。

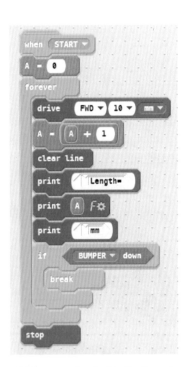

图 6-2　部分程序（一）

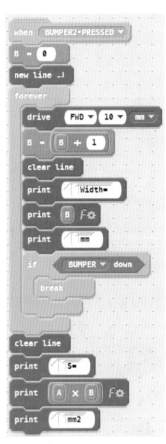

图 6-3　部分程序（二）

将图 6-2 和图 6-3 合并就成为完整的程序。

所有打印指令设置如图 6-4 所示。

图 6-4　打印指令设置

5. 场地检测

观察机器人测量结果与用卷尺测量结果是否相同？误差多少？为什么会出现这些误差？

6. 动手与实践

有规则的机器人场地如图 6-5 所示，3 个场地分别为等边正方形、三角形、圆，试通过机器人行走测量每一规则图形的面积。

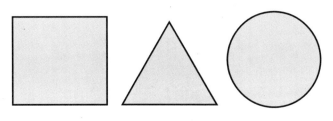

图 6-5　规则图形测量面积

第7课 密 码 锁

人们在生活中会经常接触到密码锁。密码锁有机械的，也有电子的，如手机上设置的密码，就是密码锁的一种，如图7-1所示。如果希望机器人在程序执行的过程中获得确认，就可以使用加密码的方式来实现。

图 7-1 密码锁

1. 任务

通过使用碰撞传感器触碰的方式输入密码。当输入值与预先设置的密码一致时，则可以继续执行后面的程序；否则无法执行。

2. 学习目标

（1）学习建立变量，并通过碰撞传感器输入数据。

（2）学习设置 broadcast。

（3）学习逻辑关系，比较数据。当 $a=3$、$b=5$ 时，执行电机运动程序；否则不执行。

3. 所用元件

所用元件如图 7-2 所示。

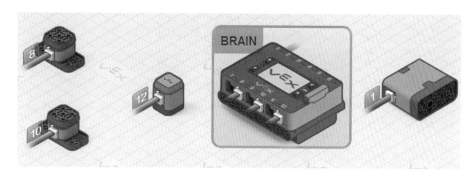

图 7-2　所用元件

4. 参考程序

（1）碰撞传感器用于输入数据。为了简单起见，这里只选择"数值增加"的方式，读者可以通过增加传感器的方式，将操作变得更加方便。程序如图 7-3 所示。

（2）屏幕显示语句的应用与屏幕效果，如图 7-4 所示。

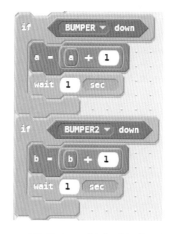

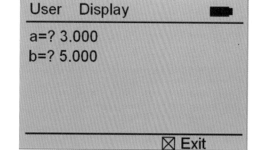

图 7-3　部分程序　　　　　　　　图 7-4　显示语句与屏幕效果

（3）通过传感器中断循环结构，如图 7-5 所示。

（4）如果输入正确，启动某子程序的事件，如图 7-6 所示。

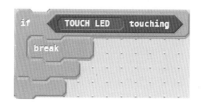

图 7-5　通过传感器中断循环　　　　图 7-6　启动子程序事件

（5）子程序触发指令，如图7-7所示。

图7-7　子程序触发指令

（6）完整主程序，如图7-8所示。

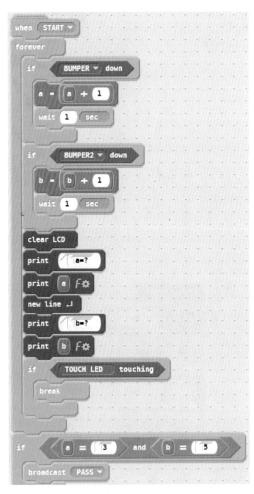

图7-8　参考程序

5. 场地检测

运行程序进行检测，观察效果是否如我们所设想。如果输入3次错误密码即退出，应如何改写程序？

第 8 课　两事件的时间问题

Modkit 提供了时间模块，通过这一模块可以记录不同事件发生的时间以及两个事件的时间间隔。

1. 任务

通过一个颜色传感器，记录两次检测到黑线时的时间间隔。

2. 学习目标

（1）学习建立变量，使变量随传感器的检测值而变化。

（2）学习设置 broadcast。

（3）学习调用时间模块。

3. 所用元件

所用元件如图 8-1 所示。

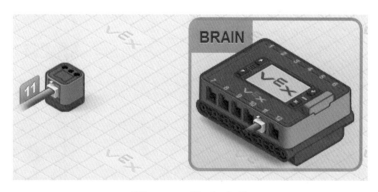

图 8-1　所用元件

4. 参考程序

（1）建立变量 A、B、C，编写程序，如图 8-2 所示。

如果检测到黑线，则变量加 1，等待 1s 可以避免连续检测；否则会将一条黑线当作无数条。

当变量等于 1 时，设置 broadcast，标记为 S；当变量等于 2 时，设置 broadcast，标记为 E。

如果需要获得检测任意两线所用时间，可参照这种方式进行设置。

（2）当触发 S 时，将时间值赋予变量 B；当触发 E 时，将时间值赋予变量 C，如图 8-3 所示。

（3）在屏幕上显示 C–B，即检测到两条黑线所用时间间隔，如图 8-4 所示。

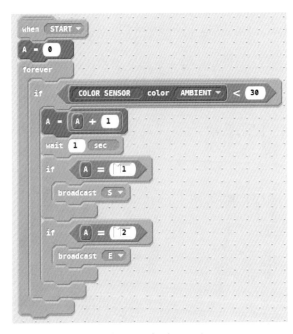

图 8-2　参考程序

图 8-3　将时间值赋予变量

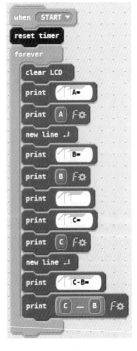

图 8-4　屏幕显示指令

5. 场地检测

机器人场地如图8-5所示。设置速度,记录通过任意两线的时间。理解时间间隔的含义。

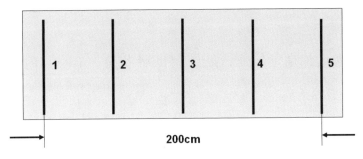

图 8-5 机器人场地

6. 试验记录

将试验数据填写在表8-1中。

表 8-1 试验记录

黑线间隔	1~2	2~3	3~4	4~5
时间 /s				
平均速度 / (m/s)				

第 9 课　走指定路线

让 VEX IQ 机器人走到指定位置，是控制机器人的一个基础内容，这一任务可以通过控制运动时间、控制运动距离等方式来实现。但是如果场地较大，机器人需运动较远的距离，就会积累一些误差，让定位变得很困难。这时根据场地上的标记（如黑线）来确认机器人的位置，显得非常重要。

1. 任务

通过颜色传感器，检测地面黑线，使机器人可以沿图 9-1 中箭头指示方向从 A 点出发经 B 点到达 C 点。

2. 学习目标

（1）多选择结构设置。

（2）根据场地情况进行调试。

3. 所用元件

所用元件如图 9-2 所示。

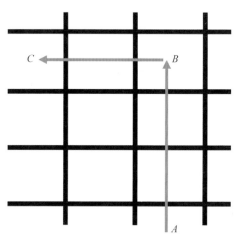

图 9-1　机器人场地路线指示

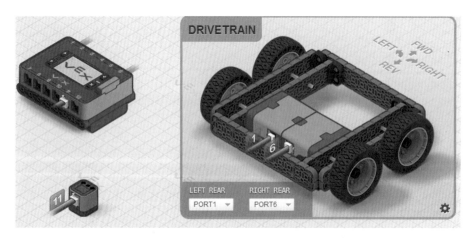

图 9-2　所用元件

4. 参考程序

（1）建立变量 A，设 A 的初始值为 0，如图 9-3 所示。

（2）让机器人启动后前行一段距离，压到黑线，进入循环结构，如图9-4所示。

图9-3　建立变量

图9-4　让机器人前行并检测到黑线

（3）如果检测到黑线，则变量 A 加1；等待1s以避免因黑线宽度而重复计算黑线的数量，如图9-5所示。

① 当 A<3 时，机器人直行，如图9-6所示。

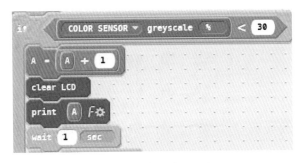

图9-5　检测到黑线变量 A 加1

图9-6　机器人直行

② A=3 时，机器人前进一段距离（转弯时保证传感器避开黑线），转弯90°并直行，如图9-7所示。

③ 当 A=5 时，机器人停止，如图9-8所示。

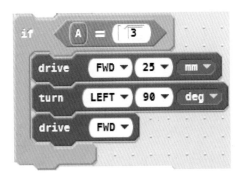

图9-7　前进、转弯、前进

图9-8　机器人停止

（4）完整的程序如图9-9所示。

5. 场地检测

观察机器人是否可以沿指定路线前进，如果机器人场地如图9-10所示，机器人是否可以按箭头所指方向行走（箭头只是为了说明运动方向，场地中并不存在）？如何改变机器人程序（要求使用传感器，而不是定时或定行走距离）？

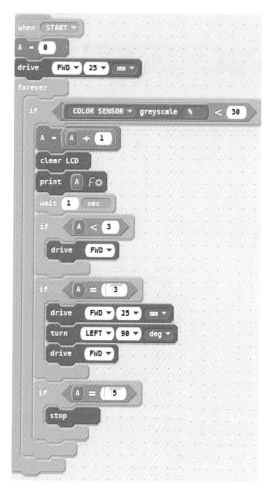

图 9-9 参考程序

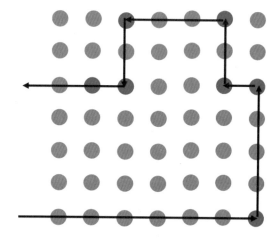

图 9-10 机器人场地

第10课 巡线运动

巡线运动是机器人活动中的一个经典案例，也是众多比赛中的一个重要项目。学好本课对于学习算法、编写程序有很大的帮助。

1. 任务

通过两个颜色传感器，让机器人沿黑线行走，场地如图10-1所示。

图 10-1　机器人巡线场地

2. 学习目标

（1）学习逻辑判断。

（2）学习 Modkit 中多种选择的表达方式。

3. 所用元件

所用元件如图10-2所示。

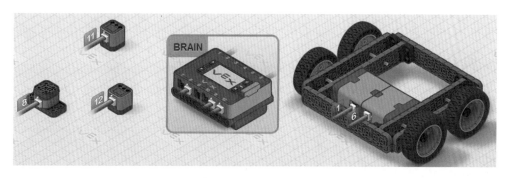

图 10-2　所用元件

4. 参考程序

（1）检测场地并设置传感器的域值。

如果通过编写一个检测程序来读取环境中的传感器域值，进而编写巡线程序，在实际操作中就显得有些麻烦了。因此，我们编写一个自动读取传感器域值的程序作为整体程序的一部分。

建立 3 个变量，即 A、B、C，分别用于存放传感器遇黑线时的检测值、远离黑线的检测值及域值。

在程序启动后，将机器人按图 10-3 所示放置，让其中任意一个颜色传感器压中黑线，而另一个颜色传感器确保没有压中黑线。

下面这部分程序可以将域值赋予变量 C。

当碰撞传感器发生触碰时中断循环，域值得到确定，并转入后续程序，如图 10-4 所示。

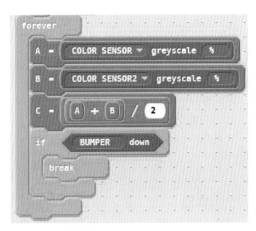

图 10-3　任意一个颜色传感器压中黑线　　图 10-4　确定域值并进入后续程序

（2）分别根据机器人巡线的 4 种状态设置运动指令，如表 10-1 所示。

完整程序如图 10-5 所示。

（3）在屏幕上显示左、右传感器的检测值，以便观察程序运行是否正常，如图 10-6 所示。

5. 场地检测

在场地上运行程序，观察是否可以完成巡线任务？如何可以更快地完成巡线任务？如果增加更多的颜色传感器，程序应如何改进？效果是否更好？

表 10-1 机器人巡线的 4 种状态

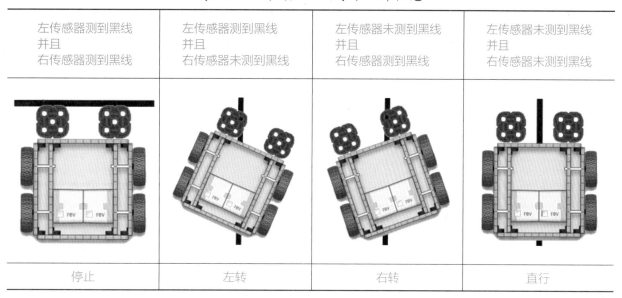

左传感器测到黑线 并且 右传感器测到黑线	左传感器测到黑线 并且 右传感器未测到黑线	左传感器未测到黑线 并且 右传感器测到黑线	左传感器未测到黑线 并且 右传感器未测到黑线
停止	左转	右转	直行

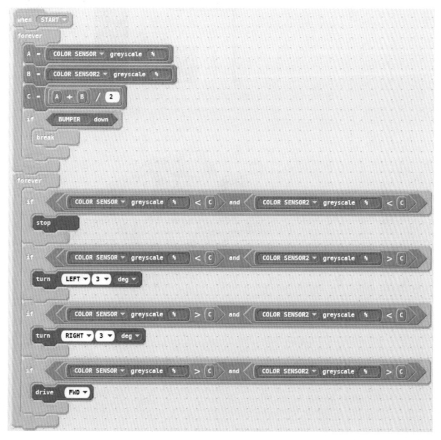

图 10-5 参考程序

图 10-6 屏幕显示指令

第11课 走 迷 宫

让机器人走迷宫对学生有很大的吸引力。学生若完成这一任务，既可检验教学成果，也可作为一个比赛的项目，对于学生分析问题、学习算法以及编写程序有很大的帮助。

1.任务

随意组成迷宫场地，如图 11-1 所示，让机器人从入口进入，从出口离开。

2.学习目标

（1）学习逻辑分析以及算法。

（2）学习用颜色传感器判断是否有物体存在。

3.所用元件

所用元件如图 11-2 所示。

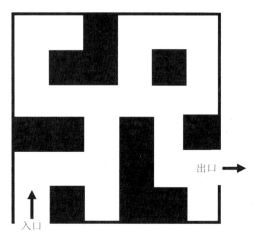

图 11-1　机器人迷宫场地

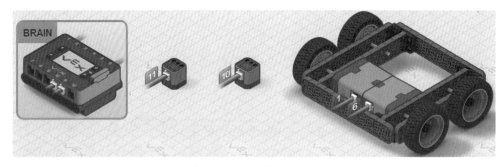

图 11-2　所用元件

4.参考程序

对于这样一个走迷宫的问题，可以在机器人左方、前方各放置一个颜色传感器（也可用超声波传感器），用于检测迷宫的墙壁。

（1）如果左方无障碍，则左转。

（2）如果左方有障碍，中央无障碍，则直行。

（3）如果左方有障碍，中央也有障碍，则右转。

以状态表示上述算法，如表 11-1 所示。

表 11-1 检测状态和机器人动作

Color Sensor 检测情况 （左方传感器）	检测到物体		未检测到物体	
Color Sensor2 检测情况 （前方传感器）	检测到物体	未检测到物体		
机器人运动	右转	直行	左转	

按以上算法，可以沿箭头方向走出迷宫。程序如图 11-3 所示。

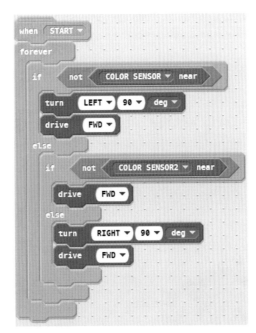

图 11-3 参考程序

其中 COLOR SENSOR near 是颜色传感器用于检测附近是否有物体的指令。当检测到附近有物体时，反馈为 Yes；否则反馈为 False。

5. 场地检测

在迷宫场地上运行程序，观察是否可以完成任务？如果改变迷宫的结构，是否需要重新编写程序？

第 12 课　GYRO 与机器人走直线

GYRO 又称为陀螺仪传感器，目前在各类机器人中运用较为普遍。在智能手机中，GYRO 已经是一种标准的配置。通过这一传感器可以对机器人进行复杂而精准的控制，VEX IQ 也配置了这一传感器。

1. 任务

制作一个使用 GYRO 导航的机器人，当方向改变时，机器人会自动回到原有方向。

2. 学习目标

（1）学习 GYRO 传感器的使用。

（2）了解 Modkit 软件中 GYRO 模块的调用。

3. 所用元件

所用元件如图 12-1 所示。

图 12-1　所用元件

4. 参考程序

（1）GYRO 模块有两个参量，即 rotation 和 angle，可以分别读取这两个参量值，作为运动中方向的参照。它们的关系如表 12-1 所示。

（2）所有数据均以安装 GYRO 传感器后上方标志 Ｚ 为准，如表 12-1 所示。

表 12-1　rotation 和 angle 的规定

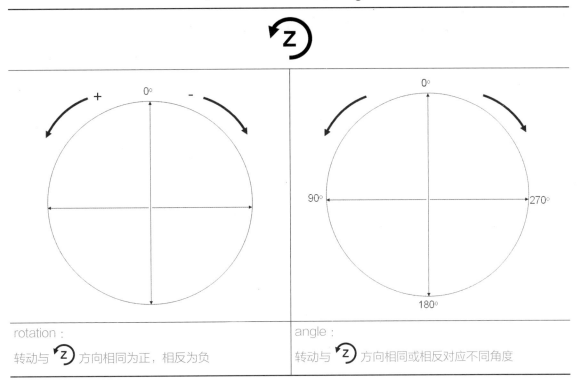

rotation：	angle：
转动与 Z 方向相同为正，相反为负	转动与 Z 方向相同或相反对应不同角度

（3）在屏幕上同时显示 rotation、angle，程序如图 12-2 所示。

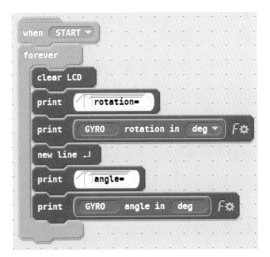

图 12-2　屏幕上同时显示 rotation 和 angle

（4）当机器人运动方向分别偏离 +5° 或 −5° 时，控制机器人转动进行方向调整，如图 12-3 所示。

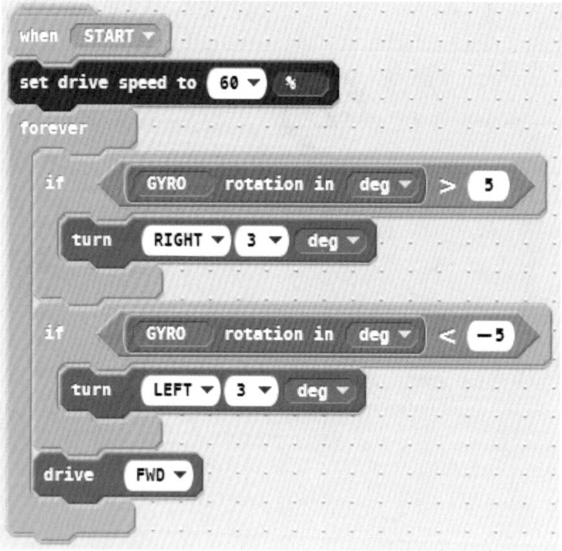

图 12-3　方向调整

5. 场地检测

在场地上运行程序，观察机器人是否直行？如果在程序运行中人为改变机器人运动方向，观察机器人是否可以自动回复到原有的运动方向？

6. 拓展试验

机器人场地如图 12-4 所示，机器人从 A 点出发可以直行到达 B 点，如果检测到障碍就会回避。设计一个程序可以保证机器人既可躲避障碍，又可到达 B 点（障碍物随机设置）。

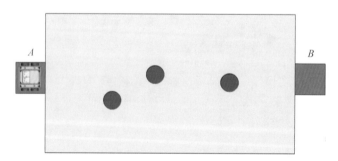

图 12-4　机器人场地

第 13 课　颜色判断与声音

颜色传感器不仅可以对光线的强度做出检测，而且可以对颜色做出准确的判断。同时 VEX IQ 具有输出声音的功能，可以输出音乐或音调，这一功能使得编程变得十分有趣。

1. 任务

制作一个可以识别颜色的机器人，当检测到不同的颜色时会发出不同的声音。

2. 学习目标

（1）学习颜色传感器的使用。

（2）学习颜色的输出方式。

（3）学习声音的输出方式。

3. 所用元件

所用元件如图 13-1 所示。

本课需对 3 种颜色进行检测，因此将颜色传感器的检测模式设为 3 Color，如图 13-2 所示。

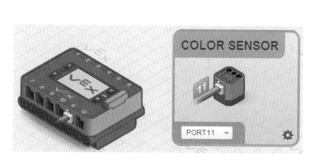

图 13-1　所用元件

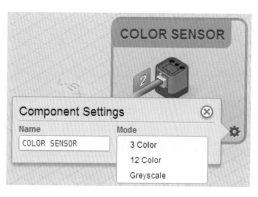

图 13-2　设置检测模式

4. 参考程序

（1）调用颜色模块 `COLOR SENSOR color`，可以获得检测的颜色反馈。有 RED、GREEN、BLUE、NONE 4 种反馈方式。

（2）声音模块有 play sound Alarm ▼ （播放声音）、play note C1 ▼ HALF ▼ （播放音调）两种方式。

（3）参考程序如图 13-3 所示。

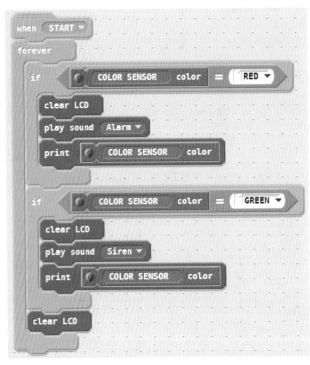

图 13-3　参考程序

5. 拓展试验

机器人场地如图 13-4 所示。在场地的一边随意放置不同颜色的小球，机器人通过自动程序从场地的另一边出发，进入放小球的区域，将指定颜色的小球带回。若不能将指定颜色的小球带回，则不得分；若带回错误颜色的小球，则得负分。

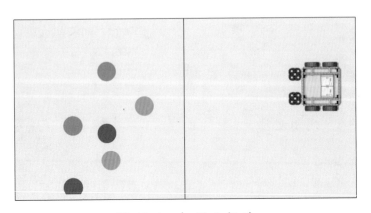

图 13-4　机器人场地

第14课 倒车雷达

"倒车，请注意!"这是在停车场经常听到的一句话。倒车时不仅要提醒周围的人，更要了解周围的情况，倒车雷达就扮演了这样一个重要的角色。

1. 任务

制作一个自动控制的小车，可以用碰撞传感器（单控开关）控制它的前进或后退。当它后退时，可根据障碍物的距离发出不同频率的声音。

2. 学习目标

（1）逻辑中的"与""或"关系。

（2）多条件结构的应用。

（3）声音指令的使用。

3. 所用元件

所用元件如图 14-1 所示。

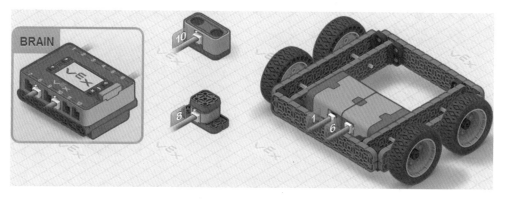

图 14-1　所用元件

4. 参考程序

（1）将距离（超声波传感器检测值）赋值给变量，并在屏幕中显示，如图 14-2 所示。

（2）当检测距离大于 500mm 时，机器人发出 C1 音调，并继续倒车，如图 14-3 所示。

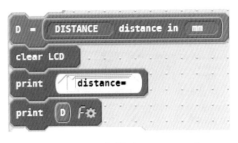

图 14-2 　屏幕中显示距离　　　　图 14-3 　检测距离大于 500mm 时

（3）当检测距离大于 300mm 且小于或等于 500mm 时，机器人发出 C3 音调，并继续倒车，如图 14-4 所示。

（4）当检测距离大于 200mm 且小于或等于 300mm 时，机器人发出 C5 音调，并继续倒车，如图 14-5 所示。

图 14-4 　检测距离大于 300mm 且小于或等于 500mm 时

图 14-5 　检测距离大于 200mm 且小于或等于 300mm 时

（5）当检测距离小于或等于 200mm 时，机器人发出 C7 音调，并停止倒车，如图 14-6 所示。

图 14-6 　检测距离小于或等于 200mm 时

（6）完整的程序如图 14-7 所示。

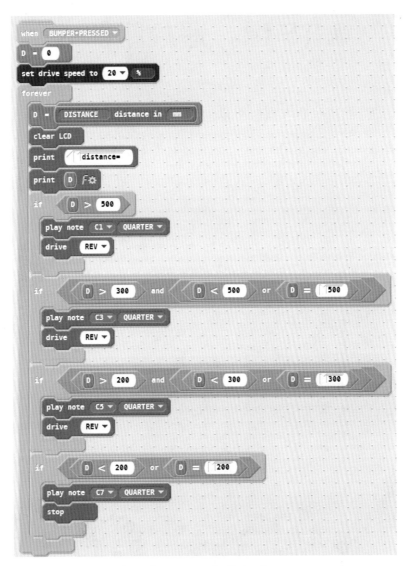

图 14-7　参考程序

5. 场地测试

在场地上进行测试，观察效果。

6. 拓展训练

编写一个机器人点歌的程序，通过输入不同的数据，启动不同的音乐。

第 15 课　遥控机器人

VEX IQ 不仅支持程序控制，而且可以通过遥控的方式进行控制，所以更适合小学生和初中学生学习及使用。在机器人比赛中，可以同时安排自动和手动两个任务，使得比赛更有趣味性和挑战性。

1. 任务

制作机器人小车，可以完成自动控制和手动控制。

2. 学习目标

（1）遥控模块的设置。

（2）会编写自动程序与手动程序。

3. 所用元件

所用元件如图 15-1 所示。

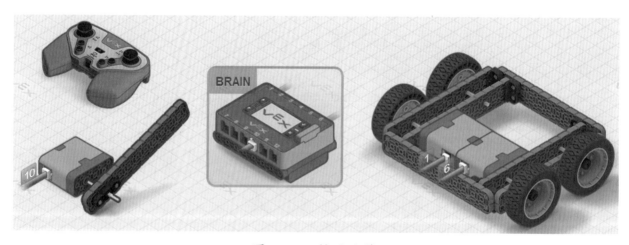

图 15-1　所用元件

4. 遥控设置选项

调用遥控元件后，在四轮车的设置中会出现遥控设置选项，如图 15-2 所示。

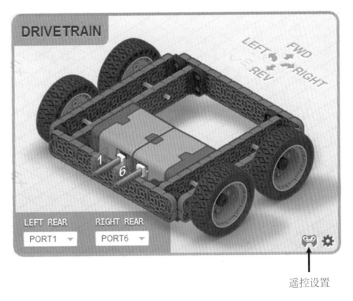

遥控设置

图 15-2　遥控设置选项

5. 遥控设置

遥控设置可以定义遥控设置器按钮与机器人小车指令的对应关系，如图 15-3 所示。
控制一个四轮小车，只需定义 A、D 两个控制杆前后操作的功能就可以了。

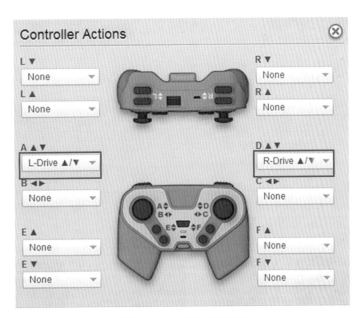

图 15-3　遥控设置

6. 参考程序

（1）自动程序非常简单，只是让机器人小车向前运动1000mm之后停止即可，程序如图15-4所示。

（2）VEX IQ中的电机既可以作为直流电机使用，也可以通过程序指令让电机转动某一角度。这一特点使电机在机器人的升降过程以及机械爪中得以广泛应用。每一电机的背面都标明了角度的方向，如果从正面看，转动的正方向如图15-5中黄色箭头所示。

图15-4　自动程序　　　　　　图15-5　电机背面以及转动的正方向

（3）对电机的控制有两个常用指令，如图15-6和图15-7所示。

图15-6　转动到某角度　　　　　　图15-7　转动某角度

注意：对于自动和手动程序（有无遥控器），这两个指令的效果是有区别的，如表15-1和表15-2所示。

表15-1　自动程序中的两个指令（效果相同）

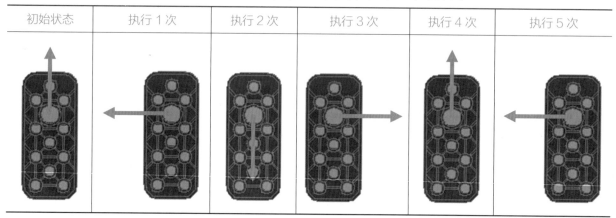

初始状态	执行1次	执行2次	执行3次	执行4次	执行5次

续表

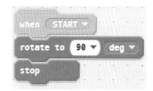

表 15-2　手动程序中的两个指令（效果不同）

初始状态	执行 1 次	执行 2 次	执行 3 次	执行 4 次	执行 5 次

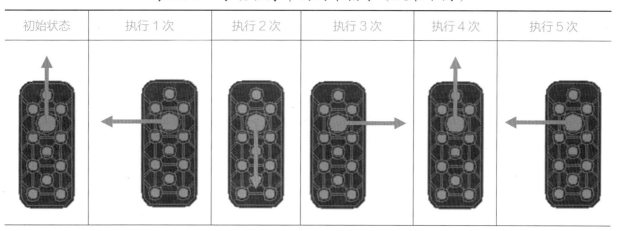

初始状态	执行结果

手动程序中，使用 rotate to 45 ▼ deg ▼ 会默认初始状态为 0°

7. 运行程序并观察效果

运行程序可以看到以下两点。

（1）自动程序可以在运行程序时执行，也可以通过遥控器某一按钮启动自动程序。

（2）程序执行过程中遥控指令具有优先权；可以通过遥控器随时中断自动程序的运行。

8. 其他常用电机指令

（1）获取电机方向指令 MOTOR direction 。可以反馈"+""–"信号，也可以通过与电机运动指令 spin direction 结合，人为转动获得运动方向。

（2）保持加载指令 set Holding to ON ▼ 。如果用机械臂提升物体，当电机达到指定位置时，若停止电机运动，机械臂会因重力作用而落下，但使用保持加载指令，机械臂就可以保持在指定位置。

（3）显示电机所受阻力矩指令 MOTOR current in amps 。可以通过与屏幕显示指令结合，显示电机转动时所受阻力力矩。

9. 制作手动捡球程序

（1）在指定的场地中进行捡球比赛。

比赛场地如图15-8所示。

（2）规则。场地中间有一个一定高度的隔板，机器人分别由双方各自场地出发，将小球捡起并投入对方场地，以投入对方小球多的一方为胜（场地大小以及隔板高度可以根据具体情况设置）。

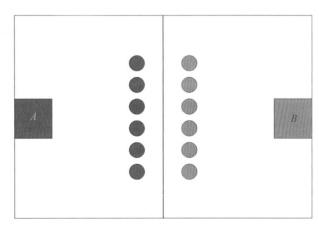

图 15-8　比赛场地

第16课 制作一个定时器

定时器在生活中经常用到，图 16-1 所示就是一个很有趣味的定时器。定时器是如何完成定时功能的？能不能制作一个定时器呢？

图 16-1 定时器

1. 任务

制作一个定时器，可以事先设置时间，并通过屏幕显示预设时间与当前时间。当时间一到，机器人点亮灯光并发出声音。

2. 学习目标

（1）学习如何中断循环。

（2）学习如何启动灯光效果。

（3）用屏幕显示时间。

（4）学习如何播放声音。

（5）学习设置时间以控制不同元件的程序进程。

3. 所用元件

所用元件如图 16-2 所示。

4. 参考程序

（1）建立一个变量 T，用于存储预设时间值。

（2）建立一个无限循环结构，如图 16-3 所示。

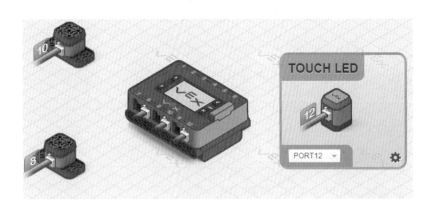

图 16-2　所用元件　　　　　　　　　　图 16-3　无限循环结构

（3）如果按碰撞传感器 1，则预设时间加 1s，如图 16-4 所示。

（4）如果按碰撞传感器 2，则预设时间减 1s，如图 16-5 所示。

（5）随时显示时间设置，如图 16-6 所示。

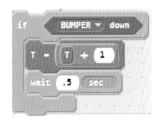 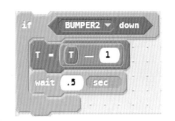 

图 16-4　预设时间加 1s　　图 16-5　预设时间减 1s　　图 16-6　显示时间

（6）如果按 TOUCH LED 传感器，则跳出循环，如图 16-7 所示。

（7）建立一个新的触发事件，如图 16-8 所示。

图 16-7　跳出循环条件　　　　　图 16-8　新的触发事件

（8）完成的设置时间程序如图 16-9 所示。

（9）当触发计时事件时，重设时间，开始计时。

（10）当时间等于预设时间时，进入循环，变换灯光，发出声音。我们希望在人没有干涉的情况下，计时器一直发出声音和灯光，所以将这一系列输出信号放在一个循环中。只有在两个碰撞传感器都发生触碰时才中断循环。参考程序如图 16-10 所示。

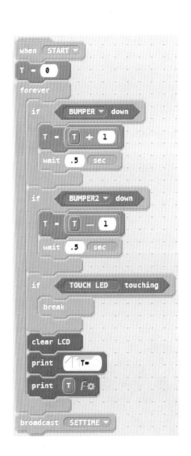

图 16-9　设置时间程序

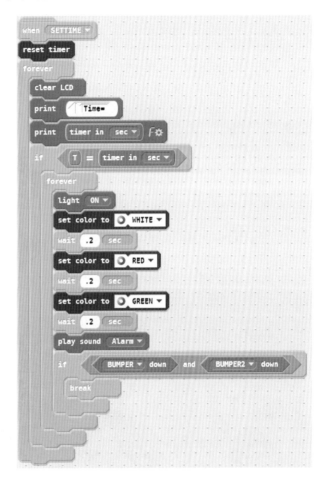

图 16-10　参考程序

5. 运行程序并观察效果

运行程序，看一看自己制作的定时器是不是好用，音乐和灯光效果是不是很炫。同学们可以用 VEX IQ 结构件将所用控制器与传感器组装起来，让这一定时器更加实用。

第17课　单控开关的制作

什么是单控开关呢？以碰撞传感器为例，触碰一次，可以让机器人运动；再触碰一次，则停止运动。每触碰一次，都会使运动状态发生改变，这样的开关就是单控开关。由此可见，所有传感器都可以作为单控开关使用。

1. 任务

使用碰撞传感器制作一个单控开关，每触碰一次，都可以改变机器人的运动状态。

2. 学习目标

（1）学习如何在两个数据间进行变量交换。

（2）学习多种选择的嵌套结构。

3. 所用元件

所用元件如图 17-1 所示。

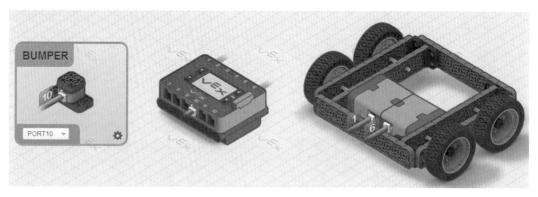

图 17-1　所用元件

4. 参考程序

（1）本程序中要求每次触碰发生时，变量 A 在 0~1 之间发生变化。为此建立 3 个变量，即 A、B、C，并分别赋初始值为 1、0、0，如图 17-2 所示。

（2）当发生触碰时，变量 A 与变量 B 进行数据交换。等待 0.3s 是为了避免在触碰时发生多次交换，如图 17-3 所示。

（3）当 A=1 时，机器人向前运动；当 A=0 时，机器人向后运动，如图 17-4 所示。

  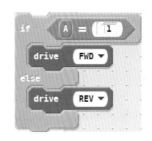

图 17-2　变量初始值　　图 17-3　变量 A、B 数据交换　　图 17-4　变量与运动

（4）完整的程序如图 17-5 所示。

5. 运行程序并观察效果

运行程序，看一看每一次碰撞传感器是否准确地改变了小车的运动状态。如果不准确，请分析原因并加以改进。

6. 观察思考

有同学编写程序如图 17-6 所示，请同学们思考一下，这个程序有什么问题？

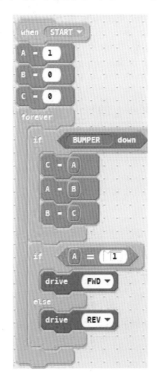 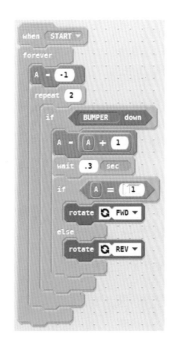

图 17-5　参考程序　　　　　　　　图 17-6　学生编写的程序

第18课 智能灯光

无论在学校还是在家中，均可看到楼道的灯光是智能控制的，如图 18-1 所示。在白天，灯是不亮的。但是到了晚上，当有人在楼道里活动并发出声音时，灯就会自动打开；如果没有人，灯就会自动熄灭。

图 18-1　灯光是智能控制的

1. 任务

启动机器人程序，当周围较暗时，如果检测到有人靠近则 LED 灯点亮。如果周围光线较亮，则不反应。

2. 学习目标

（1）学习各种传感器的使用。

（2）学习多种选择条件的程序结构。

（3）学习屏幕显示指令。

3. 所用元件

所用元件如图 18-2 所示。

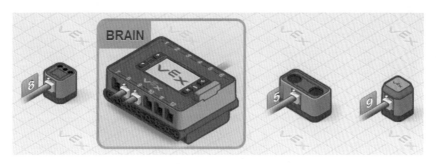

图 18-2　所用元件

4. 参考程序

根据要求，各传感器检测值与启动灯光的关系如表 18-1 所示。

表 18-1　传感器检测值与启动灯光的关系

光电传感器	>45		<45	
超声波传感器	<500mm	>500mm	<500mm	>500mm
LED 灯	熄	熄	亮	熄

参考程序如图 18-3 所示。

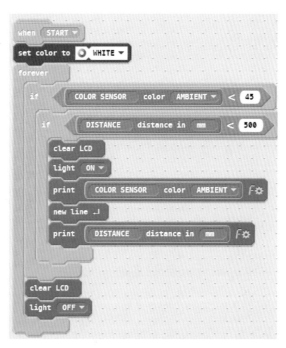

图 18-3　参考程序

（1）分析案例要求，只有在光电传感器检测到暗，同时有物体距离小于 500mm 时，LED 灯才启动，其他情况可以不考虑。

（2）光电传感器既可以检测颜色也可以检测亮度，它有两种选择，这里选择检测亮度，如图 18-4 所示。

图 18-4　选择检测模式

（3）为了了解程序运行时的状态，通过屏幕显示检测状态。

5. 运行程序并进行测试

运行程序，观察效果是否达到预期。

第 19 课　测量运动时间

时间测量是试验测量的基础，很多试验都与时间相关。机器人可以作为多种检测装置来使用，可以应用于各种试验中。

1. 任务

通过两个碰撞传感器检测小球在两个传感器中间运动的时间。将一个小球抵触上面的传感器，保持碰撞状态；当松开时，小球滑动直到碰撞到下面的传感器。请设计一个程序显示小球的运动时间。

2. 学习目标

（1）学习将机器人用于各种试验设计。

（2）学习程序中断指令。

（3）学习屏幕显示指令。

（4）学习数据运算。

3. 试验结构

如图 19-1 所示，启动程序时小球抵触上面的碰撞传感器，使其处于受触状态；当阻碍物撤销时，小球下滑，开始计时。

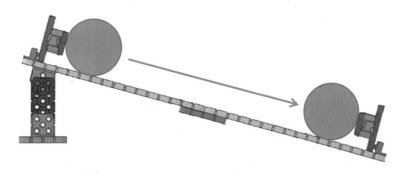

图 19-1　试验结构

4. 所用元件

所用元件如图 19-2 所示。

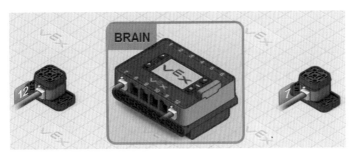

图 19-2　所用元件

图 19-3　启动程序

5. 参考程序

（1）规定上面传感器为 1 号，下面传感器为 2 号，释放碰撞传感器 1 启动程序，如图 19-3 所示。

（2）设置变量 A 的初始值为 0。

（3）重置时间。

（4）建立一个无限循环。

（5）将时间赋值给变量 A。

（6）如果碰撞传感器 2 检测到碰撞，则循环停止。

（7）刷屏并显示时间值。

（8）小球运动时间即为显示时间。

（9）完整程序如图 19-4 所示。

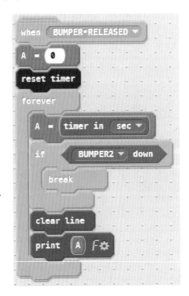

图 19-4　参考程序

6. 运行程序并进行测量

可以与秒表测量结果进行校对。对时间的测量是一个有广泛应用的问题，了解这一设计思路，对于其他物理量的测量会有很大帮助。

7. 思考

如何测量运动物体的速度？

第 20 课　测速和报警

　　无论是在公路上行车还是在运动场上跑步，都会谈到速度这一问题，速度以及众多物理量的测量与人们的生活和工作有很重要的关系。

　　在公路上经常会见到图 20-1 所示标志。众所周知，这是对行驶中的汽车进行车速测量的标志，测速是如何做到的呢？现在就借助机器人了解一下吧！

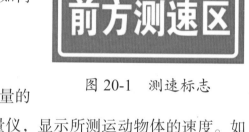

图 20-1　测速标志

1. 任务

　　测量速度可以有多种方式，使用超声波传感器测量的方式应用比较广泛。借助超声波传感器制作一个测量仪，显示所测运动物体的速度。如果速度大于设置的域值，则发出声音进行报警。

2. 学习目标

（1）学习将机器人用于各种实际测量。

（2）学习多任务结构。

（3）学习数据运算。

3. 所用元件

所用元件如图 20-2 所示。

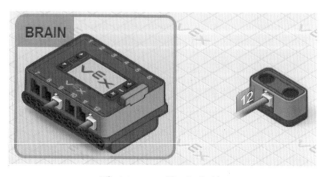

图 20-2　所用元件

4. 参考程序

（1）启动程序后，重置变量 A、B。

（2）在一个无限循环中，将超声波传感器的检测值赋予变量 B。

（3）1s 后，再将检测值赋予变量 A。

（4）A 与 B 的差值，即为 1s 内物体运动的距离；通过 `abs of ( A — B )` 指令，获得差值的绝对值。因为间隔为 1s，这一数值也就是 1s 内物体运动的平均速度，如图 20-3 所示。

（5）另一循环可以随时检测这一速度的大小。当大于 30 时，播放声音报警。这两个循环同时执行，互不干扰。程序如图 20-4 所示。

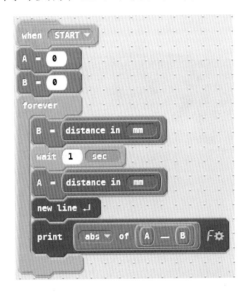

图 20-3　参考程序

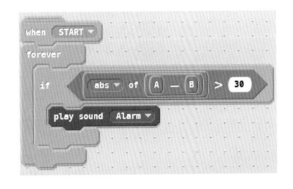

图 20-4　检测速度大小

5. 运行程序并进行测量

分别设置小车运动速度并进行检测，看一看能否检查出超速车辆。

6. 思考

上述测速方式有哪些局限性？

第 21 课　光电传感器和速度测量

测量运动物体的速度，是学习运动学的一个重要内容，以往需要在专用仪器上进行这一试验。是否可以用 VEX IQ 设备对运动物体的速度进行检测呢？

1. 任务

要想准确测量运动物体的速度，可以使用两个光电传感器来实现。安装两个光电传感器，如图 21-1 所示。

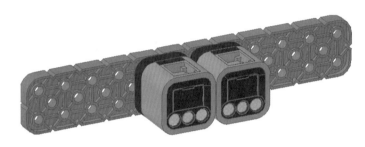

图 21-1　安装方式

当小车依次通过两个光电传感器时，记录其时间 T_1、T_2，并测量两个光电传感器的距离 s，即

$$v = \frac{s}{\Delta T}$$

$$\Delta T = T_2 - T_1$$

通过以上公式就可以计算运动速度了。

制作运动小车，如图 21-2 所示。

图 21-2　小车模型

试验场地如图 21-3 所示。让小车从 A 点静止滑下，当小车通过 B 点时测量运动速度。将传感器放置在 B 点进行测量。

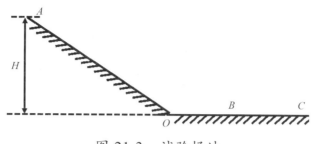

图 21-3　试验场地

2. 学习目标

（1）学习用光电传感器进行光强度的检测。

（2）学习中断结构模块的使用。

（3）学习时间模块的调用。

3. 所用元件

所用元件如图 21-4 所示。

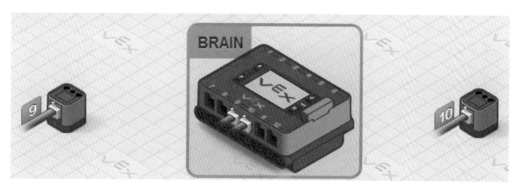

图 21-4　所用元件

4. 参考程序

（1）建立 3 个变量，即 T_1、T_2、A，用于存储时间和运算。

（2）对光电传感器 1 编程。

启动程序后，重置系统时间。在一个无限循环中，将时间值赋予 T_1，同时检测光强度是否小于 20（通过检测获得的域值）。如果小于 20，则中断循环，停止计时，并在屏

幕上显示 T_1 的数值。参考程序如图 21-5 所示。

（3）对光电传感器 2 编程。

启动程序后，重置系统时间。在一个无限循环中，将时间值赋予 T_2，同时检测光强度是否小于 20（通过检测获得的域值）。如果小于 20，则中断循环，停止计时，并在屏幕上显示 T_2、A（$A=T_2-T_1$）的数值。参考程序如图 21-6 所示。

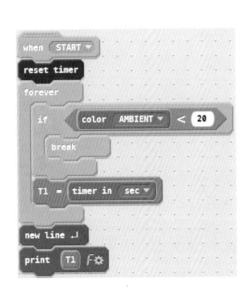

图 21-5　参考程序（一）

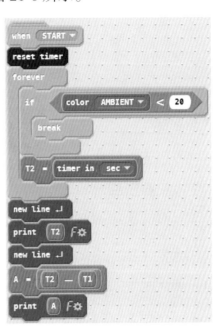

图 21-6　参考程序（二）

（4）测量两个光电传感器的距离 s 就可计算 v，即

$$v = \frac{s}{\Delta T}$$

其中：

$$\Delta T = A = T_2 - T_1$$

5. 运行程序并进行测量

（1）将传感器分别放在 B、C 位置，观察测量结果。

（2）将小车在不同高度放下，观察速度的变化。

（3）将试验数据填写在表 21-1 中。

表 21-1　试验数据

两光电传感器间距离	测 量 位 置	
高度 H	B 位置测量	C 位置测量
高度 H（第一次）	$A=$　　　 , $v=$	$A=$　　　 , $v=$
高度 H（第一次）	$A=$　　　 , $v=$	$A=$　　　 , $v=$
高度 H（第一次）	$A=$　　　 , $v=$	$A=$　　　 , $v=$
高度 H（第二次）	$A=$　　　 , $v=$	$A=$　　　 , $v=$
高度 H（第二次）	$A=$　　　 , $v=$	$A=$　　　 , $v=$
高度 H（第二次）	$A=$　　　 , $v=$	$A=$　　　 , $v=$

6. 思考

分析表 21-1，会得到什么结果？

_____

_____

_____

_____

第 22 课 测量黑线的总宽度

机器人可以对多种复杂信息进行检测和处理，尤其是在一些复杂环境中，这一特性得到广泛的应用，带来许多便利。

1. 任务

机器人场地如图 22-1 所示，机器人沿箭头所示方向行进，试计算出不规则场地上黑线的总宽度。

图 22-1　不规则场地

2. 学习目标

（1）学习时间累加的方式。

（2）学习将多种测量结果进行处理的方式。

3. 所用元件

所用元件如图 22-2 所示。

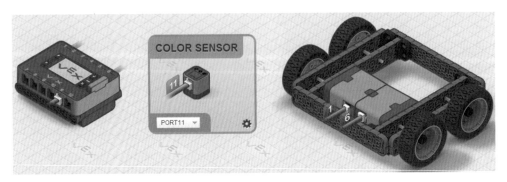

图 22-2　所用元件

4. 参考程序

（1）建立变量 A，初始化为 0。

（2）当满足遇黑线条件时，将变量累加。

（3）将循环间隔设为 1s。

（4）变量 A 即为经过黑线的时间。

参考程序如图 22-3 所示。

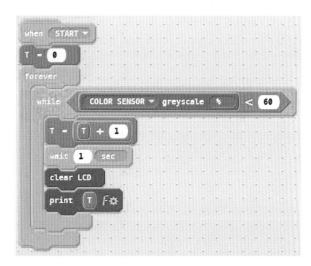

图 22-3　显示经过黑线的时间

（5）将经过黑线的时间测出后，根据以前讲过的测量速度方法，可以知道机器人小车的速度，进而计算出机器人遇到黑线的长度。其余程序请同学们自己完成。

5. 运行程序并进行测量

运行程序，观察手动测量结果与机器人测量结果是否相同，以及不同的行驶速度对这一结果有没有影响。

第 23 课 排 队 系 统

在医院、银行等场所经常会看到如图 23-1 所示的提示信息，这就与排队系统有关。排队系统可以帮助创建舒适、公平、友好的等候环境。那么能否用 VEX IQ 器材来设计一个简单的排队系统呢？答案是肯定的。

图 23-1 排队系统

1. 任务

使用 3 个碰撞传感器模拟 3 个服务窗口，每按任一碰撞传感器，则在屏幕上显示总数加一，并显示相对应的传感器标识。

2. 学习目标

（1）学习机器人的各种实际应用。

（2）学习 broadcast 应用。

（3）学习条件循环的运算。

3. 所用元件

所用元件如图 23-2 所示。

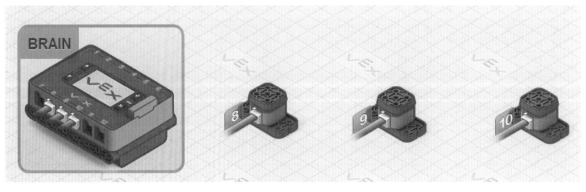

图 23-2 所用元件

4. 参考程序

（1）建立两个变量 *A*、*B*。

（2）在 1 号碰撞传感器的编程环境中设置程序如图 23-3 所示。

程序说明如下：

① 这一程序表示当启动程序时，变量 *A* 的初始值设为 0。

② 检测 1 号碰撞传感器是否发生触碰时，若发生了触碰，则变量 *A* 加 1；变量 *B* 取值为 1（1 号窗口）。

③ 建立一个 broadcast（广播）并命名为 C。

④ 延时 1 s，以避免连续触碰。

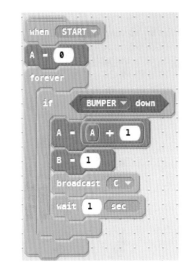

图 23-3　1 号碰撞传感器程序

（3）同样设置 2 号、3 号碰撞传感器的指令，如图 23-4 和图 23-5 所示。

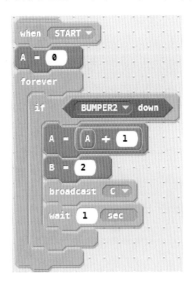

图 23-4　2 号碰撞传感器程序

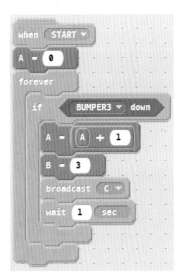

图 23-5　3 号碰撞传感器程序

（4）当发生 broadcast 时，在屏幕上显示相关信息，如图 23-6 所示。图 23-6 的打印格式设置 如图 23-7 所示。

5. 运行程序并进行测试

运行程序，观察测试效果。

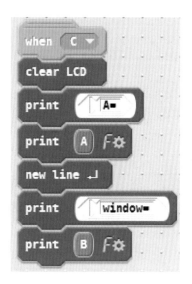

图 23-6　屏幕显示信息

图 23-7　打印格式设置

6. 思考

如果希望同时计算每一窗口的顾客量，程序将如何改进呢？

第24课　游　戏

　　许多学生喜欢各种电脑游戏，这些游戏不仅有益智的功能，而且可以使学生更深入地钻研程序设计与应用。有不少学生在学过机器人的课程后都会想：与其玩别人设计的游戏，还不如自己动手设计一款机器人游戏呢。本节课就来设计一个简单的游戏，即"锤子、剪刀、布"，如图 24-1 所示。

图 24-1　锤子、剪刀、布

1. 任务

　　使用 3 个碰撞传感器模拟 3 种不同的输入——锤子、剪刀、布，并与机器人的输出相对比，判断游戏结果。

2. 学习目标

（1）学习机器人游戏制作。

（2）学习 broadcast 应用。

（3）学习"与""或"的逻辑关系。

3. 所用元件

　　所用元件如图 24-2 所示。

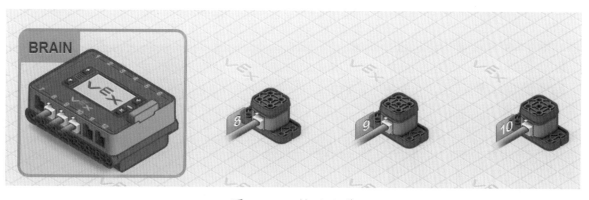

图 24-2　所用元件

4. 参考程序

（1）建立两个变量 A、B，其中 B 用于存储机器人的输出值，A 用于存储人们的输入值，如表 24-1 所示。

表 24-1　变量对应的游戏选项

变量	锤子	剪刀	布
A	$A = 1$	$A = 2$	$A = 3$
B	$B = 1$	$B = 2$	$B = 3$

（2）游戏的吸引力就在于结果的不确定性，为实现这种效果，应该使用随机函数作为机器人的输出值，但是目前使用的 Modkit 并不支持随机函数。为了在游戏中调用一个不确定的数值，建立程序如图 24-3 所示。

① 变量 B 可以为 1、2、3 中任一值，虽然每次都是顺序改变，但如果不知道游戏的时间间隔，玩游戏的人还是无法预测可能的结果。

② 图 24-3 所示程序产生一个机器人的输出选项。

（3）在 1 号碰撞传感器的编程环境中设置程序如图 24-4 所示。

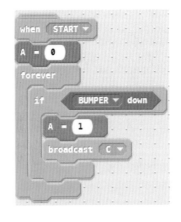

图 24-3　产生不确定的变量 B　　　图 24-4　1 号碰撞传感器程序

程序说明如下：

① 这一程序表示当启动程序时，变量 A 的初始值设为 0。

② 检测 1 号碰撞传感器是否发生触碰时，若发生了触碰，则变量 A 取值为 1。对照表 24-1 可知，玩家出的是"锤子"。

③ 建立一个 broadcast 并命名为 C。

（4）同样设置 2 号、3 号碰撞传感器，其程序如图 24-5 和图 24-6 所示，表示玩家出的是"剪刀"或"布"。

（5）当发生 broadcast 时，在屏幕上显示相关信息，如图 24-7 所示。

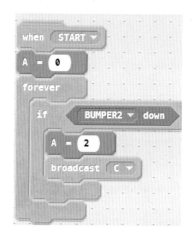
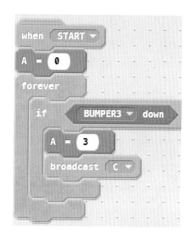

图 24-5　2 号碰撞传感器程序　图 24-6　3 号碰撞传感器程序　图 24-7　屏幕显示信息

关于 **F⚙** 的设置可参考第 23 课中图 23-7 所示。

（6）有 3 种情况玩家获胜，即

$$A = 1, B = 2$$

或

$$A = 2, B = 3$$

或

$$A = 3, B = 1$$

将这 3 种情况用图形化指令表示，如图 24-8 所示。

图 24-8　3 种情况玩家获胜

（7）3 种情况机器人获胜，即

$$A = 1, B = 3$$

或

$$A = 2, B = 1$$

或

$$A = 3，B = 2$$

将这 3 种情况用图形化指令表示，如图 24-9 所示。

图 24-9　3 种情况机器人获胜

完整的程序如图 24-10 所示。

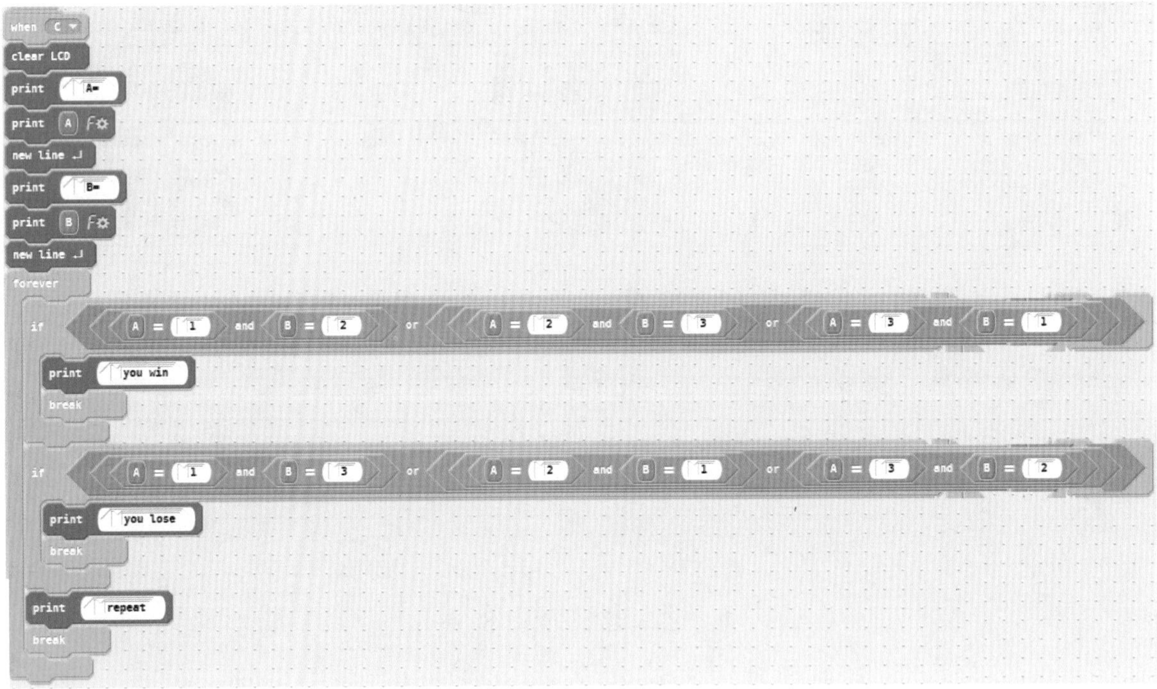

图 24-10　完整的程序

5. 运行程序，观察测试结果

思考：如果希望本游戏不仅在屏幕上显示，应该搭建一个什么样的机器人？程序将如何改进？

附录　制作一个 VEX IQ 标准底盘小车

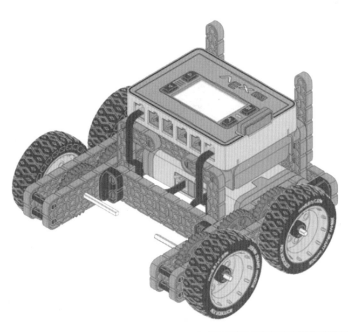

步　骤	效　果
1	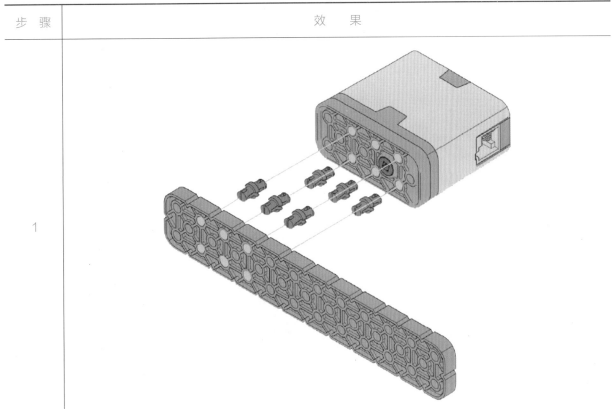

步　骤	效　果
2	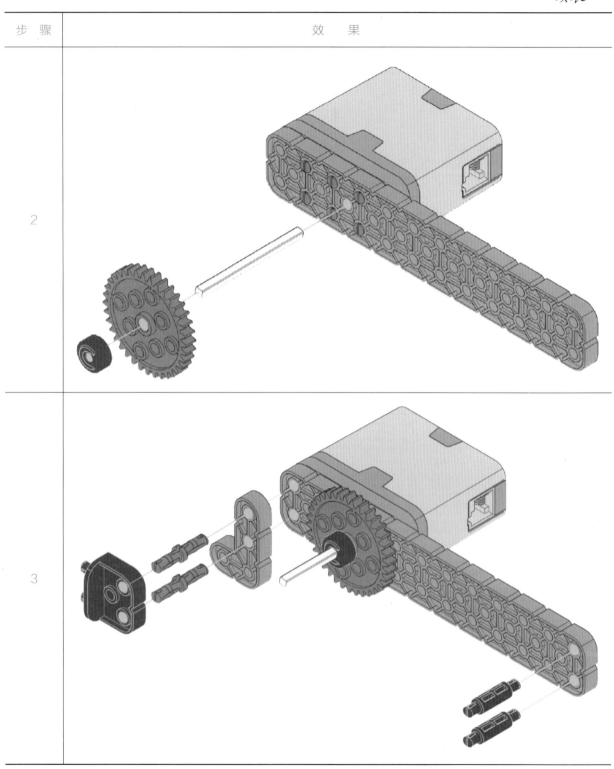
3	

步　骤	效　果
4	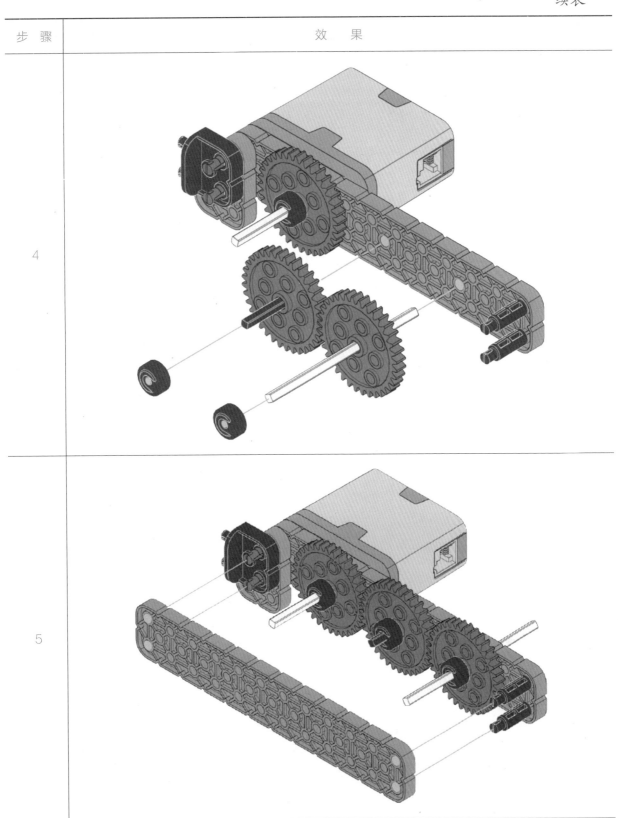
5	

步　骤	效　　果
6	
7	

步　骤	效　果
8	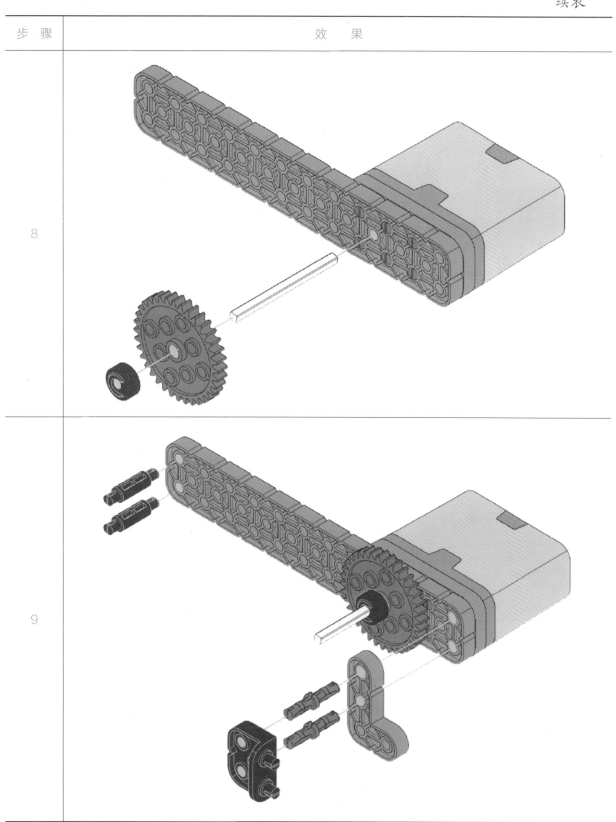
9	

步　骤	效　果
10	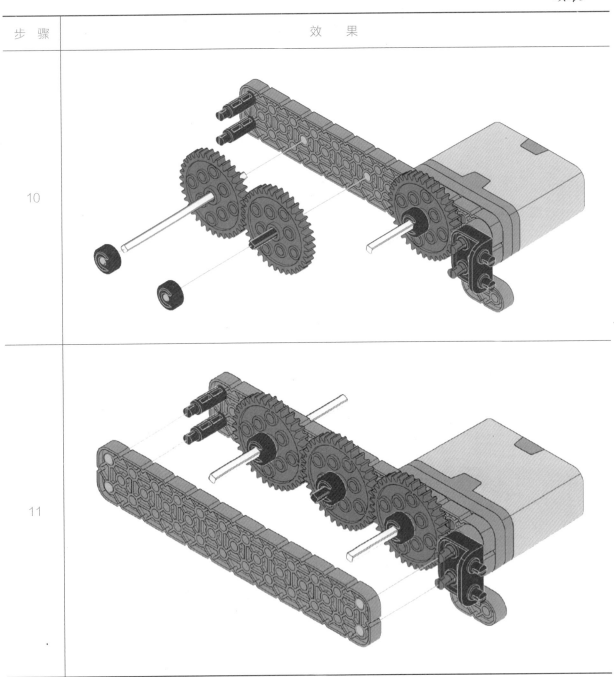
11	

步　骤	效　果
12	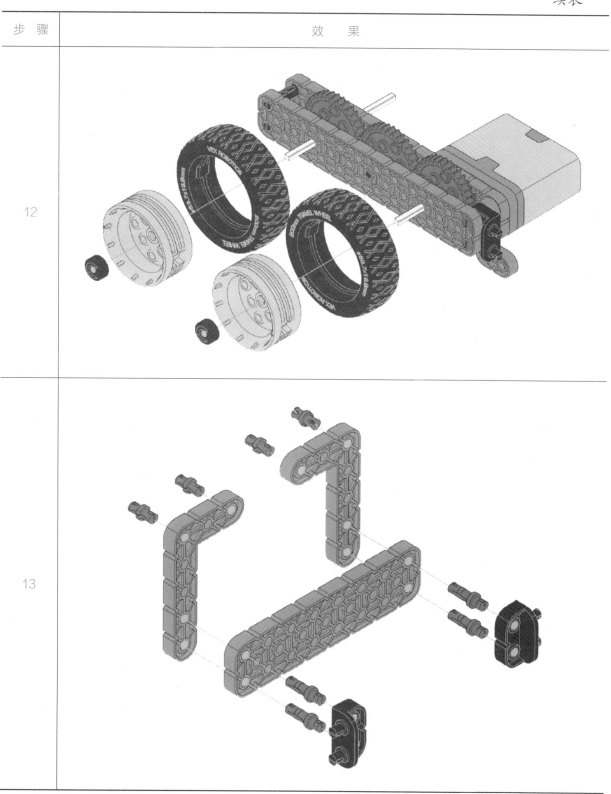
13	

步　骤	效　果
14	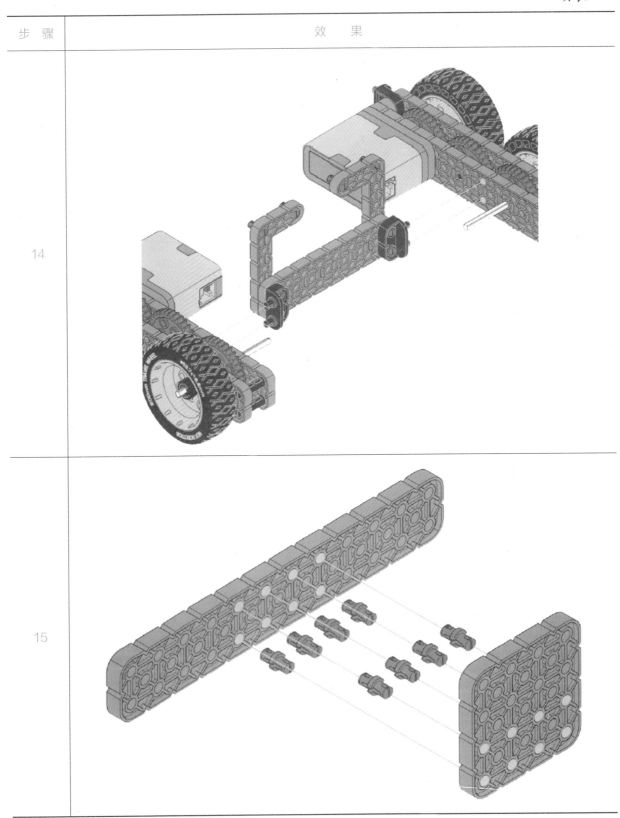
15	

步 骤	效 果
16	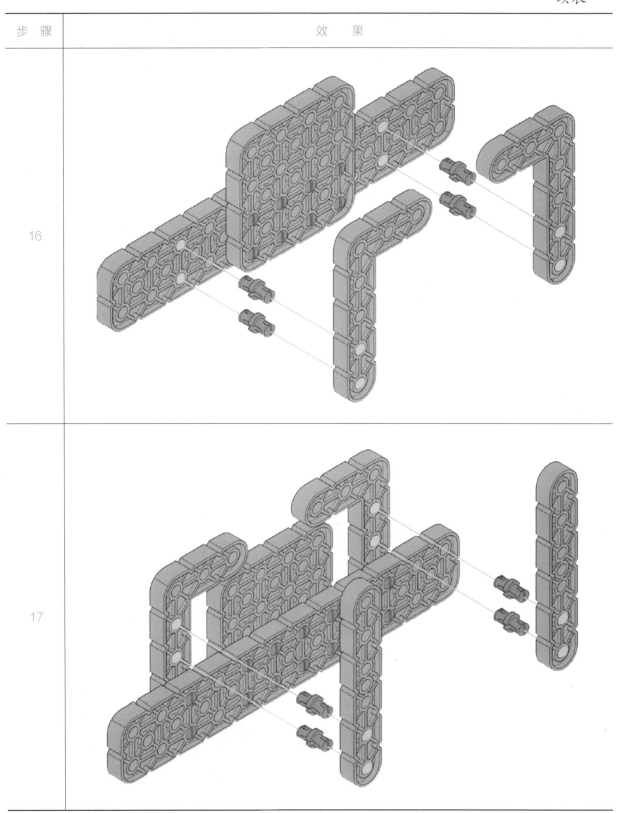
17	

步 骤	效 果
18	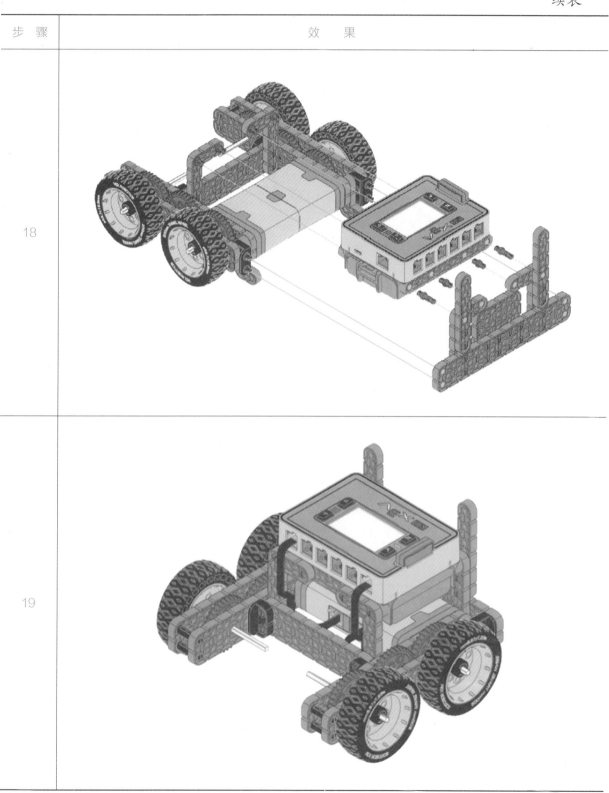
19	

参 考 文 献

[1] 郑剑春 . VEX 机器人设计 [M]. 北京：清华大学出版社，2015.

[2] 郑剑春 . ROBOTC 与机器人程序设计 [M]. 北京：清华大学出版社，2013.

[3] VEX 公司网站 , http://www.vexrobotics.com.

[4] Modkit 公司网站 , http://www.modkit.com/vex.

[5] ROBOTC 公司网站 , http://www.robotc.net/.